"十三五"普通高等教育本科部委级规划教材

服装 & 配饰快速表现 100 例

刘笑妍　著

中国纺织出版社

内 容 提 要

　　快速表现是服装画的重要表现手段之一。作者将服装画的基本上色方法与国画用笔相结合，针对人体局部的画法要点并结合平时教学中学生常出现的问题进行了重点讲解，把服装画上色积累的经验与大家分享。全书分为快速表现的常用笔触与绘画材料，时尚秀场人物表现技法，时尚配饰与人体局部特写表现等部分。

　　本书画风轻松，用笔自由唯美，适合初级和中级服装绘画爱好者阅读、参考。

图书在版编目（CIP）数据

　　服装&配饰快速表现100例/刘笑妍著．—北京：中国纺织出版社，2018.3
　　"十三五"普通高等教育本科部委级规划教材
　　ISBN 978-7-5180-4291-3

　　Ⅰ．①服…　Ⅱ．①刘…　Ⅲ．①服饰—搭配—高等学校—教材　Ⅳ．①TS973.4

　　中国版本图书馆CIP数据核字（2017）第272791号

策划编辑：孙成成　　责任编辑：杨　勇
责任校对：楼旭红　　责任印制：王艳丽

中国纺织出版社出版发行
地址：北京市朝阳区百子湾东里A407号楼　邮政编码：100124
销售电话：010－67004422　传真：010－87155801
http://www.c-textilep.com
E-mail：faxing@c-textilep.com
中国纺织出版社天猫旗舰店
官方微博http://weibo.com/2119887771
北京华联印刷有限公司印刷　各地新华书店经销
2018年3月第1版第1次印刷
开本：787×1092　1/16　印张：7
字数：82千字　定价：49.80元

前言
PREFACE

　　服装设计与配饰设计都是不断变化的艺术。作为快速表现设计途径的服装画也需要跟得上这种变化，正是这种不断演化，对旧风貌的不断突破和创新，才使得服装画不断进步，不断有新的服装插画家出现。

　　服装画的快速表现旨在帮助那些未来的服装设计师和广大的服装设计爱好者以及从小就热爱服装却从事了其他专业的人们。你不必是一名手绘大师也能进行服装画的表现，只要能认真观察，理解服装的结构、褶皱的排列方式就能表现出服装的特点，熟悉这些细节之后，触类旁通，把这些融入自己的服装画中就可以了。如果你是初学者，请不要对自己太苛刻，手绘的提高是循序渐进的过程，最可怕的不是你开始画不好，而是早早地给自己下定论——我画不好，没法画下去了。学会如何在纸上大胆地绘画是成为服装设计师的一个重要方面。一张清晰的设计草图会让你的老师、顾客和老板充满信心且简明易懂。本书中每个单元所表现的内容不同但绘画方法一致，指导你完成需要掌握的主要服装类型。学习本书，旨在帮助你脱掉服装画神秘的外衣，通过系统化的表现技巧可以快速地进行服装画表现。你需要做的就是用信心和热情来不断尝试。

沈阳航空航天大学

刘笑妍

2017年3月3日

目 录

CONTENTS

第一章 快速表现的常用笔触与
绘画材料 / 001

第一节 常见用笔方法 / 002

一、毛笔线条表现特点 / 002

二、圆珠笔线条表现特点 / 004

三、铅笔线条表现特点 / 006

四、水彩笔线条表现特点 / 007

五、针管笔线条表现特点 / 009

六、马克笔线条表现特点 / 010

第二节 快速表现常用绘画材料与工具 / 014

一、快速表现常用绘画纸张 / 014

二、快速表现常用笔 / 016

三、快速表现常用颜料 / 020

第二章　时尚秀场人物表现技法 / 023

第一节　时尚街拍女性的表现 / 024

一、女性绘画步骤 / 024

二、街拍女性快速表现范例 / 030

第二节　时尚街拍男性的表现 / 039

一、男性绘画步骤 / 039

二、街拍男性快速表现范例 / 042

第三章　时尚配饰与人体局部特写 / 049

第一节　上半身细节表现 / 050

一、上半身绘画步骤 / 050

二、上半身快速表现范例 / 052

第二节　下半身细节表现 / 061

一、下半身细节绘画步骤 / 061

二、下半身快速表现范例 / 066

三、下半身与时尚配饰快速表现范例 / 072

第三节　脚部特写 / 088

一、脚部细节绘画步骤 / 088

二、脚部细节快速表现范例 / 092

第四节　男女流行鞋款细节表现 / 100

一、女高跟鞋绘画步骤 / 100

二、鞋款快速表现范例 / 101

第二章

第一章

快速表现的
常用笔触与
绘画材料

第三章

第一节
常见用笔方法

一、毛笔线条表现特点

　　毛笔是非常好用的服装画表现工具。中国的毛笔种类繁多，上色时毛笔的笔头会蓄有大量的颜料，不用反复蘸色；笔锋可以画出很细的线条，运用力度的变化，毛笔线条会产生各种生动的变化。采用大白云笔涂背景或者大面积的服装面料，都特别好用，饱满的笔头画在纸上不会出现斑驳的尴尬笔痕。

1. 毛笔条状线

　　西服上衣的方格子图案是用毛笔（小红毛）蘸土红颜色勾出的，以个人经验认为中国的传统毛笔要比西方尼龙水彩笔中的勾线笔好用，有丰富的粗细变化，笔头能很饱满的蓄存住很多水分或颜料，保证统一的画面效果（图1-1）。

　　裤子上的线条是用毛笔（勾线笔）先画出平行的浅色斜线条，然后再用浓墨画出裤子上位于阴影部分的线条（图1-2）。这种条状线非常适合用勾线毛笔直接表现。

2. 毛笔网状线

　　蕾丝质感的服装面料非常适合用中国毛笔来完

图1-1　毛笔条状线

成，勾线笔能画出又细又匀的线条，这种网状面料或者睫毛蕾丝面料都可以用传统毛笔中的勾线笔完成（图1-3）。而暗部的大面积重色采用中白云笔完成则再合适不过了。

图1-2　毛笔斜线

图1-3　毛笔网状线

3. 毛笔点状线

用毛笔画男性的寸头短发，即一种非常流行的能够露出头皮颜色的那种短发。先用大白云笔涂好灰白色的头皮，然后将小红毛笔蘸浓墨用笔锋点出头发（图1-4）。点墨时注意下笔力度，用力要均匀，下笔不要有轻有重，以免破坏画面的整体效果。

4. 毛笔混合用笔

雪花用毛笔蘸白色水粉画出，线条生动，有粗细变化（图1-5）。毛笔线条的优点就是不紧张、生动，有变化不死板，这也是使用高光笔达不到的效果。高光笔白色不够亮，如果在有底色的情况下，为了突出很纯的白色而在画面上反复涂抹，会把底层颜色弄模糊与白色混

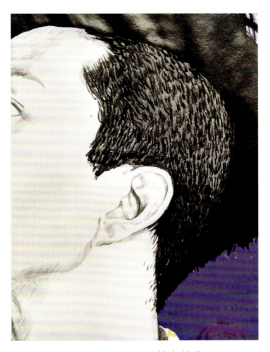

图1-4　毛笔点状线

合成为一块脏色，反而会越涂越不白，而且画面底层的颜色也会进到笔尖里，导致高光笔的笔尖堵住不能流畅使用。

图1-5　毛笔混合用笔

二、圆珠笔线条表现特点

　　圆珠笔颜色多以蓝色、黑色、红色为主。采用圆珠笔作画时出错不易擦除，因此画圆珠笔画需要有扎实的绘画基本功。另外，由于圆珠笔的油墨为半流体，笔珠长时间一个朝向转动，会积累叠加油墨，在画纸上留下很明显的一块油色，影响画面的效果。解决这个问题的方法就是在绘画时手边备一张卫生纸，经常擦去笔尖多余的油墨。

图1-6所示为用蓝色圆珠笔画的女性形象，画法与用铅笔画素描相同。背景的红色图案是用红色圆珠笔完成的，这种蓝红搭配是非常典型、复古的圆珠笔画。

图1-7所示仍是使用红蓝两色圆珠笔来表现满头大汗的人物形象，头发部分采用了两种颜色叠加，通常将红与蓝放在一起调色会出现仅次于黑的重色，此处为了强调头发的深颜色。这幅圆珠笔画中的用笔多变，大量曲线表现出发汗后热气升腾的效果，线条非常生动。

图1-6　圆珠笔长线

图1-7　多种圆珠笔曲线

图1-8所示为用严谨的笔触画出的许多非常小的细节，这也是圆珠笔表现细节的一个优势，线条不模糊，清晰而准确。

图1-9所示为用红色圆珠笔画出的毛细血管的效果。因为圆珠笔也有0.7mm、0.5mm的粗细选择，所以在画细线条时非常方便。

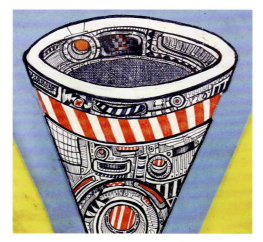

图1-8　圆珠笔变化用笔

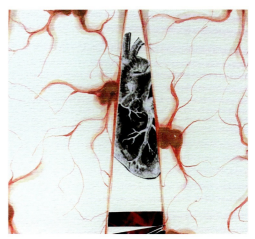

图1-9　圆珠笔细线

三、铅笔线条表现特点

铅笔是大家最为熟悉、最常用的绘画工具。铅笔的笔芯质感从硬到软，色调从深到浅，满足了深入研究造型的条件。铅笔画是表达一切的基础，是用最纯粹的单色线条来表达对刻画对象的结构和形体的理解。

图1-10所示的衣服上的所有褶皱都是用铅笔画出的，采用素描的画法，因为画幅不大，所以使用的是0.5mm的自动铅笔。铅笔非常适合细腻地表现服装多变的褶皱效果。

图1-11所示的人物头像充分地体现出铅笔线条柔和细腻的特点，利用擦笔画法，使画面过渡更加柔和，有轻松透气之感。

图1-10　铅笔线条——服装褶皱效果

图1-12中所示的线条表现出毛皮服装的效果。采用彩色铅笔画毛皮是很容易表现的，不用过多考虑色彩关系，如果用水彩或水粉画毛皮则要至少画出三个层次的深浅变化关系。

用铅笔在纹理特别粗的画纸上涂色，画纸上会出现特别明显的底纹效果。一般衣服的线条都是用很软的6B铅笔来完成，画面整体效果透气轻松，体现出如图1-13中所示男装的特点。

图1-11 铅笔线条——人物头像

图1-12 彩色铅笔线条

图1-13 铅笔纹理线条表现

四、水彩笔线条表现特点

水彩笔是儿童常用的涂色工具，颜色鲜艳，粗细均匀，涂色方便快捷。

图1-14所示的T恤采用了水彩笔平涂，能够看出特别清晰的每一笔衔接处的笔痕，这种故意露出笔痕的画法在插画中是比较流行的表现方法。

图1-15所示的红色水纹效果是使用比较细的水彩笔来表现的。由于留白的原因，粗水彩笔用起来就不那么灵活了。

图1-14　儿童水彩笔平涂

图1-15　细水彩笔线条

　　图1-16所示为使用黄色水彩笔，重复画圈的笔触表现出圈圈质感毛衣的效果，如果笔里的颜色不是很充足画起来效果会更好。

　　图1-17所示为利用水彩笔画出上衣的颜色，由于笔内颜色不足，从上至下画出了颜色渐变的效果。

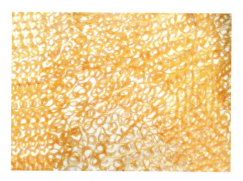

图1-16　水彩笔旋转用笔

图1-17　水彩笔渐变效果

五、针管笔线条表现特点

涂鸦画风格的线条是通过粗细不同的针管笔来完成细节的勾勒。最常用针管笔的颜色主要是黑色，市面上也有彩色针管笔可以选用。如果单纯使用黑色针管笔，只要解决造型和细节问题就可以，画起来很方便（图1-18）。

（a）　　　　　　　　　　　（b）

图1-18　针管笔线条表现

图1-19所示为黑色针管笔的主要表现手法，0.03mm号针管笔适合表现极细的发丝以及各种复杂的图案等纹理效果。

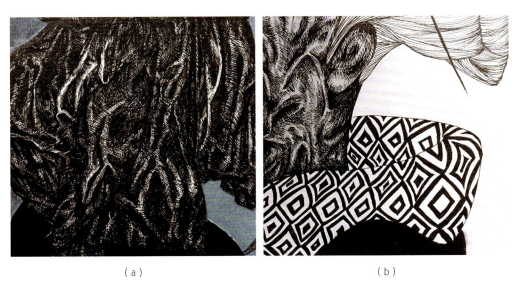

（a）　　　　　　　　　　　（b）

图1-19

（c）　　　　　　　　　　　　　　　　（d）

（e）　　　　　　　　　　　　　　　　（f）

图1-19　针管笔的多变用笔

六、马克笔线条表现特点

　　图1-20所示为四张棕色调的马克笔画，是在画服装画时表现服装特点常用的上色笔触，先用马克笔平涂服装底色，然后使用深色调马克笔或者针管笔勾出服装的暗部和细节。在图中可以发现，使用马克笔留出高光或者用高光笔画出高光能对画面的整体效果起到非常重要的点睛作用。

（a）　　　　　　　　　　　　　　（b）

（c）　　　　　　　　　　　　　　（d）

图1-20　马克笔的基本上色笔触

　　图1-21所示为采用灰色马克笔画轻薄透明面料的表现方法。涂色时要注意层次，先画出皮肤的颜色，然后用灰色画出透明面料，这样透出肤色的面料就表现好了。最后用针管笔在面料上勾线，这同样非常重要。

　　图1-22所示为采用马克笔（WG1号的暖灰色）平涂画出的花瓣树叶。上色之后再用针管笔勾线以突出结构和明暗效果。

　　图1-23所示为采用暖灰色（WG系列）马克笔突出黑色珍珠的反光，留出白色高光，再用黑色马克笔（120号）画出黑珍珠的主体颜色。马克笔也可以把细节表现得很细腻。

（a）

（b）

图1-21　马克笔表现透明笔触

图1-22　马克笔涂色特点

　　图1-24所示为马克笔涂色最常见的笔触，图中之所以有飞白出现是因为笔管中的颜色不充足了，才会出现这种效果。用这种颜色即将用完的马克笔绘画可以出现很多好看的且意想不到的效果，因此平时可以留意保存一些这样的马克笔，方便在绘制特殊效果时使用。

图1-23 马克笔表现黑色珍珠细节 图1-24 马克笔平涂飞白笔触

图1-25所示为一个使用马克笔平涂肤色上色失败的例子。画肤色时每一笔的衔接处都出现了一块块的斑痕，出现这种情况可以尝试更换纸张，或者改变涂色的方法，不应将皮肤画的跟迷彩服图案一样，而是要采用连贯的、回转的笔触画皮肤，同时注意用笔的速度以避免这种斑块状笔痕的出现。

图1-25 马克笔上色会出现的问题

第二节

快速表现常用绘画材料与工具

一、快速表现常用绘画纸张

绘画纸张的种类很多，在上色前需要仔细了解将要使用的纸张特性是什么。绝大多数纸张都有正面和反面，一面通常有些粗糙，另一面则光滑些。在上色之前要试一试不同的纸面效果，以便找出最适合表现效果的一面。

1. 水彩纸

水彩纸的特性是吸水性比一般纸好，磅数较厚，纸面纤维也较强壮，不易因重复涂抹而破裂、起毛球。水彩纸有相当多种，价格便宜的水彩纸吸水性较差，有些纸张待颜色干后色彩容易发灰，效果不好；价格高一些的品牌水彩纸能长时间保存画面鲜亮的色泽。180 g/m²的水彩纸较薄，200 g/m²的水彩纸厚度适中，是画淡彩服装画比较普遍的选择，而且颜色画错后可以修改，上色时需要把纸裱起来。300 g/m²的水彩纸因其可靠的厚度可以保证纸张上色稳定，即使不用裱画纸张也不会因为上色而变形。

大家可以通过大量的绘画练习，找到自己习惯使用的绘画纸张，比较常见的水彩纸有康颂巴比松（Barbizon）300g；康颂300g；康颂阿诗（Arches）热压纸，300g；山度士获多福（Saunders Waterford）热压纸，300g等（图1-26）。

2. 水彩本

水彩本采用冷压处理技术最能发挥水彩的特性，也是绝大多数水

图1-26 300 g/m²水彩纸

彩画家所采用的纸张。冷压纸具有中等平滑的纸面，稍有颗粒的纹理易于薄涂，能表现出笔触和纹理，易于色层叠加和颜色的堆砌，可为艺术家提供稳定、持久的绘画表面。纤维原料能确保纸质100%耐酸，增加了绘画作品的保存时间（图1-27）。

3. 素描纸

根据个人喜好也可以选择厚质感的素描纸进行服装画创作，薄素描纸上色时需要将纸张裱起来，以免纸张遇水变形破坏画面效果。素描纸的质感可以在画淡彩时，很细腻地表现出彩铅或铅笔的细线条，画面效果柔和自然。

图1-27 使用性价比高的水彩本

4. 透图纸

透图可以使用的纸张有很多种，通常薄一些的纸都可以使用。目前使用最多的是硫酸纸，这种纸可以罩在画好的画上，把已经画好的人物复制并加以变化修改，这种纸在画服装效果图时很常用。除了透图之外，这种纸还可以帮助画者迅速修正错误，进行拓展系列设计，节省了许多起稿时间。

5. 速写本

速写本是用来进行速写创作和草图练习的专用本，有方形和长形不等，开本大小不一，一般长方形以16开、8开、4开尺寸居多。纸张有薄有厚，纸品较好，多为活页以方便作画，有横翻、竖翻等形式。不是活页的速写本封面制作精美，许多本子的封面都是硬皮的或布面的。速写本外出携带特别方便，因为有许多不同规格，可以放在衣服口袋里或背包中，每当发现感兴趣的人或事都可以及时取出记录下来，防止画者的短期记忆丢失。普通速写本的纸张不适合上色，上色后纸张会遇水变形，适合用铅笔、彩铅、炭铅笔、钢笔或圆珠笔等作画。如果使用马克笔绘画，那么马克笔专用本就是首选（图1-28）。

（a） （b）

图1-28　常用素描速写本与马克笔专用本

二、快速表现常用笔

1. 铅笔

　　铅笔的种类有从H（硬）到B（软）多款选择。H类铅笔轻且硬，颜色较浅；B类铅笔较重较软，颜色较重线条柔和，但上色时掉落的铅屑容易弄脏画面。平日里要注意铅笔的保养，不要将铅笔掉落在地上，铅芯虽然有外面的木质保护，可日后当你削铅笔时就会发现，铅笔已

图1-29　绘画最常用的铅笔

经断成一截截的了。采用自动铅笔也是画单色服装画时不错的选择，0.5mm和0.3mm（铅芯）粗细的笔都是上调子时非常实用的，铅芯也有HB和2B可供选择（图1-29）。

2. 彩色铅笔

　　彩色铅笔是一种非常容易掌握且价廉的涂色工具，由于画法与表现效果类似于铅

笔，所以是初学者喜欢的一种选择。彩色铅笔的颜色多种多样，画出来的效果较淡，清新简单，大多便于橡皮擦去。然而，使用彩色铅笔绘画很耗时，作画时如果全部使用彩色铅笔表现服装色彩则会出现色彩饱和度不够的问题。彩色铅笔最好是用于作为其他颜色的补充材料。常用的彩色铅笔通常有两种：一种是蜡基的彩色铅笔（不溶于水）；另一种是水基的彩色铅笔（可溶于水使用）。

图1-30 水溶性彩色铅笔

水溶性彩色铅笔在没有用水前和普通彩色铅笔的效果是一样的，当用笔遇水之后就会变成像水彩一样，颜色易于衔接，而且色彩柔和不突然，适合小面积色彩不足的修补，但要擦除则会很难（图1-30）。彩色铅笔有的是蜡基的，绘画时表面会形成一种蜡状的白色，叫作"蜡花"，这限制了上色，在作画的时候要注意材料之间的使用顺序就可避免这一问题的出现。彩色铅笔有单支系列（129色）、12色系列、24色系列、48色系列、72色系列、96色系列等。

3. 钢笔

钢笔可以有许多笔头，有特细的、粗的、中等的，也有毛毡笔头、金属笔头或塑料笔头等。有些钢笔标有防水或永久色的字样，这是说明当它与其他种类材料混合使用时不会褪色或扩散流淌。

4. 马克笔

马克笔分为油性、水性、酒精性三种。油性马克笔快干、耐水，而且耐光性相当好，颜色多次叠加不会伤纸，柔和；水性马克笔则是颜色亮丽有透明感，但多次叠加颜色后会变灰，而且容易伤纸。现在出现了可以灌水的马克笔。购买马克笔时，一定要知道马克笔的属性与画出来的感觉才行，同时还要测试不同品牌的马克笔在上色时的衔接。购买马克笔时还要仔细检查是否出水，水干了的不要买。使用马克笔需要画者手法娴熟，不然笔与笔衔接处会有一条明显的接痕从而影响画面效果。有的马克笔是有毒性的，记住在每次画完画之后要把笔帽扣紧以防止笔挥发干掉（图1-31）。

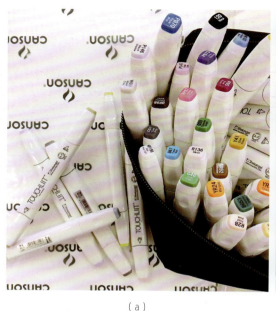

（a）

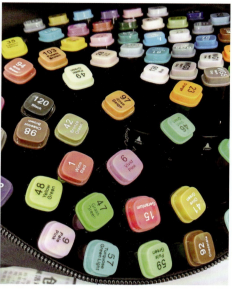

（b）

图1-31　手绘常用的马克笔

5. 水彩毛笔

水彩毛笔用羊尾毛（兔毛）制作，这种画笔蘸色会比较饱满，颜色比较厚重。尼龙头的水彩画笔，笔毛比较硬，有弹性，吸水性没有羊毛的好，蘸色后笔内只有少量颜色，但是画出的线条比较硬朗，长时间使用后笔头比较容易变形开叉。

6. 毛笔

毛笔有许多型号，从0号到12号，笔头形状有扁头和尖头的区别。从材质上分，有的采用的是动物的毛发，这种笔往往是最好的，使用耐久不易变形。毛笔用过之后要清洗干净（图1-32）。

7. 中国传统毛笔

中国传统毛笔有写字毛笔和书画毛笔两种。画淡彩服装画时

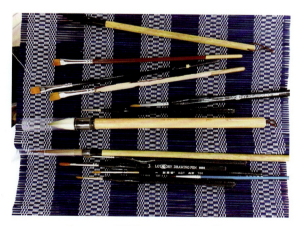

图1-32　不同种类的毛笔与笔帘

画者最常用的是大白云兼毫笔，软硬适中，存水量大，非常适合画水彩画。笔锋与笔肚颜色深浅不同，有渐变的感觉。适合画线条的有常见的兰竹笔、小精工笔、小红毛笔、叶筋笔、衣纹笔等。

小贴士

照顾好你的毛笔

- 不要将毛笔长时间浸泡在水里，这不但会损坏笔锋，而且笔杆会泡水膨胀，有时竹子笔杆还会破裂，引起金属箍头膨胀而变得不牢固。一支笔头不牢固的毛笔显然是很难使用的。
- 用完毛笔之后要用清水将笔头洗干净，用手将笔头的毛捋顺成型。
- 毛笔应该放在一个不密封的盒子里平放储存和携带，如果可能，把画笔放在一个竹制的帘子里并列排放卷起。如果长时间不使用画笔，应该放置一些樟脑丸，防止虫蛀。

8. 儿童水彩笔

儿童水彩笔一般是12色、24色、36色整盒装出售，笔头一般是圆的，是小朋友画画涂色的常用工具。儿童水彩笔的优点是水分足，色彩丰富、鲜艳；缺点是水分不均匀，过渡不自然，两色在一起不好调和，如果反复涂色会引起纸面的破损，所以一般适合画儿童画（图1-33）。

9. 圆珠笔

圆珠笔创作的绘画，是用圆珠笔画素描的一种形式。因其绘制的线条比钢笔更细腻，表现力强，而受到许多插画家的喜爱。圆珠笔多为蓝色、黑色、红色，彩色圆珠笔可以在市场

图1-33 儿童水彩笔

中买到，笔者个人比较喜欢用0.5mm的考试专用（财会专用）的黑色圆珠笔，目前国外彩色圆珠笔画作品较为流行。

10. 高光笔

　　高光笔是画服装画时提高画面局部亮度的实用工具。高光笔有一定的覆盖力，但是用起来感觉不如白色水粉覆盖力那么好。笔的构造原理类似于普通修正液，笔尖为一个内置弹性的塑料或金属细针。一般有0.7mm、1.0mm、2.0mm三种规格，有金、银、白三种颜色，书写时微力向下按即可顺畅出水。高光笔的品牌有很多，日本樱花牌最为畅销（图1-34）。

图1-34　高光笔

三、快速表现常用颜料

1. 水彩颜料

　　水彩颜料薄而透明，色彩重叠时，下层的颜色会透过来。水彩颜料的色彩鲜艳度不如彩色墨水，但着色较深，即使长期保存也不易变色。调色时，应当多加练习以掌握用水量。常用的水彩颜料有固体水彩和管装膏状水彩（图1-35）。水彩颜料和水粉颜料可以混合使用。

（a）　　　　　　　　　　　　　　　　　（b）

图1-35　管装膏状水彩与固体水彩

2. 透明水色颜料

透明水色颜料是早期给黑白照片上色的材料（图1-36）。由于透明水色是浓缩颜料，所以想要得到浅色时需要大量加水稀释，这点与水彩颜料的要求是一样的；水色颜料的用水量甚至要超过水彩颜料，这也是不容忽视的。笔者个人上色时特别喜欢透明水色的高纯度，所以上色时经常是直接用色不加水，从而保证透明水色特有的高纯度色彩感，非常鲜艳无杂质的色彩。透明水色颜料的调和能力不是很强，同时调和色在调色盘中的效果与画纸面上的效果有差异，风干后甚至会完全变成另一种色彩。透明水色颜料表现的色彩应该是简明的、单纯的、概括的，不要进行过度的色彩调和。透明水色颜料的色彩纯度非常高，画面效果非常亮丽（图1-36）。

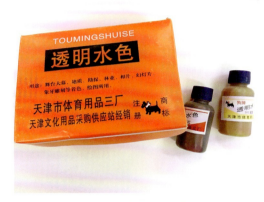

图1-36 透明水色颜料

第 一 章

第二章
时尚秀场人物表现技法

第三章

第一节

时尚街拍女性的表现

一、女性绘画步骤

（1）画出行进中的女人体，注意步伐的稳定性，不要失去人体的重心。铅笔稿画准确后用灰色马克笔给上衣涂色，棕黄色水彩笔画头发，用红色水彩笔与粉色水彩笔画出帽子和帽子上的饰带，粉紫色水彩笔画高跟鞋（图2-1）。

图2-1　绘画步骤（1）

（2）用黑色马克笔画出上衣的阴影和上衣口袋的黑色滚边，用湖蓝色、粉色、黄色、群青色、黑色水彩笔画裤子的图案（图2-2）。

图2-2　绘画步骤（2）

（3）裤子的前片用大面积的黑色涂好。用1.0mm的针管笔画出包包，采用点画法画出包包上的明暗关系，从包包色彩最重的部位开始点画（图2-3）。

图2-3　绘画步骤（3）

（4）在运用点画法时需要耐心，许
多学生往往在开始点画时很认真，后面
就画不下去了，导致画面的效果不好。
针管笔均匀用力把包包上的条状花纹用
留白的方式点画出来（图2-4）。

图2-4　绘画步骤（4）

（5）用黑色圆珠笔画出上衣的
褶皱和明暗关系。上衣的面料较
厚，出现的褶皱也比较圆润，绘画
的时候请注意。用黑色马克笔画出
袖口位置的拉链（图2-5）。

图2-5　绘画步骤（5）

（6）用黑色圆珠笔画出裤子的明暗关系，处理好裤子上细小的褶皱。手和脚部的明暗关系也一起画出来（图2-6）。

图2-6 绘画步骤（6）

图2-7 绘画步骤（7）

（7）深入画头发。先用圆珠笔画出头发主要的暗部，然后按头发的走势画出缕缕发丝，注意帽檐底部的大面积暗部表现。画出帽子上的丝带细节（图2-7）。

（8）用毛笔勾线，线条要交代出褶皱的穿插关系。用毛笔勾线时，注意手腕的力度，用笔不要太重，否则线条会显得很粗很死板（图2-8）。

图2-8　绘画步骤（8）

（9）用灰色马克笔画出包包的大面积阴影以及人体在地面的阴影。用圆珠笔画出高跟鞋的明暗关系（图2-9）。

图2-9　绘画步骤（9）

（10）调整裤子的细节，画出裤子的整体明暗关系，整理画面的小细节，绘画完成（图2-10）。

图2-10 绘画步骤（10）

二、街拍女性快速表现范例

1. 格纹毛呢大衣的画法

　　毛呢大衣的格纹采用针管笔画出平行的格子。蓝色的印花围巾用儿童水彩笔画出，同时用灰色画出穿在大衣内的白色毛衣的针织图案（图2-11）。

　　Q：阴影是用什么画出来的？

　　A：阴影的处理很简单，采用黑色圆珠笔类似于素描画暗部的表现技法，45°的斜线段画出。线与线之间是平行关系，线的两端不相交，用力要均匀，不要有明显的用力变粗线条。注意阴影的形状要符合面料的特点才好。

图2-11　格纹毛呢大衣的画法

图2-12 长款西装的画法

2. 长款西装的画法

西装的领子是彩色的，画法简单，用儿童细水彩笔点出即可。紧身裤上有很密集的褶皱，用黑色圆珠笔画出（图2-12）。

Q：外轮廓线是用什么笔画的？

A：轮廓线都是使用中国传统毛笔石獾勾线笔画出的，蘸浓墨均匀勾出人物的外轮廓与褶皱。本书的主要表现技法就是传统毛笔勾线。

3. 绿色斗篷的画法

画斗篷时先用绿色水彩笔
平涂，再用黑色圆珠笔画出斗
篷的阴影部分。注意由于面料
的厚度不同，所以褶皱的造型
也有差别（图2-13）。

Q：腿部的浅色部分是用白色
画出来的吗？

A：不是。首先用灰色的儿童
水彩笔画出基本底色，然后用纯
黑色画出暗部，这样明确的明暗
关系就出现了。这也是本书服装
效果图中最常用的上色方法，简
单好记，第一步：底色，第二步：
暗部，适用于所有服装画的上色。

图2-13　绿色斗篷的画法

4. 针织服装的画法

超大的宽松套头毛衣是冬季非常流行的款式，作为针织类服装，我们要重点表现出毛衣的特有针织方法，特定的针法改变了毛衣的特征（图2-14）。

图2-14 高领麻花针织毛衣的画法

小贴士

画针织服装时要注意的就是针法的表现，麻花针法在秋冬季毛衣中是特别常见的。如果是参加针织服装设计大赛，在熟悉针法的基础上，清晰地画出独特的针织细节是特别重要的（图2-15）。

图2-15 套头毛衣的画法

5．西服外衣及头发的画法

　　宽松的西服外衣是用透明水色画出的，所以颜色可以清楚地看出与水彩笔的平涂效果很不一样。然后用黑色画出明暗关系，纯黑色的暗处突出了强烈的光感（图2-16）。

图2-16　棕色西服外衣的画法

Q：头发的波浪是怎么画出来的？

A：第一步画出头发的分组轮廓，绘画的时候要注意波浪的起伏变化；第二步平涂红头发；第三步用黑色圆珠笔在头发波浪的凹陷处画上黑色的阴影，阴影不会出现在头发波浪的凸起部分，所以画暗部时应当注意。阴影的用笔不能画成一个很整齐的黑色方块，线条应与头发的走势一致并以参差不齐为好（图2-17）。

图2-17　头发的画法

6．腿部的画法

Q：腿部似乎画出了颜色的明暗，这是怎么表现的？

A：腿部的颜色仅用了一层颜色，有深有浅的细微变化是因为笔者使用了透明水色。透明水色上色风干后会出现意想不到的变色效果，是一种很有趣的上色体验（图2-18）。

7．裤子的画法

Q：裤子上的效果是特殊面料吗？

A：牛仔裤是采用儿童水彩笔涂色的。这种水彩笔本不适合大面积涂色，因为涂色时每一笔的衔接处都会留下清晰的笔痕，也就是一块重叠后的深色，然而笔者正是利用了这个特殊效果，用长短一致的笔触画出裤子的底色，于是一排排的衔接笔痕就出现了，而不是面料本身的纹理（图2-19、图2-20）。

图2-18　腿部的画法

图2-19　裤子的画法1

图2-20　裤子的画法2

8.大衣上的白点和
腿部透明感的画法

Q：大衣上的白点是怎么画的？腿部的透明感是怎么画出来的？

A：大衣上的白色点点是笔者用白色蜡笔先画在衣服上的，然后涂上土红色，而蜡笔的部分因为防水不会被颜色覆盖。腿部上色时是用毛笔蘸墨汁画出的。先用蘸有清水的毛笔在腿部的轮廓内涂上一层，待颜色没完全干时画上灰色，然后等待灰色基本干透时画出纯黑色的暗部，这样朦胧的透明感和层次感就画出来了（图2-21）。

图2-21 大衣上的白点和腿部透明感的画法

第二节

时尚街拍男性的表现

一、男性绘画步骤

示例

（1）将起好的铅笔稿用毛笔勾线。勾线时可以调整人物的造型，对不准确的地方用墨线直接进行修改。然后画出人物脸部，脸部的处理主要由自动铅笔完成，眼睛用蓝色彩色铅笔画出。接下来用水彩笔画出头发的基本底色并留出高光部分（图2-22）。

（2）用黑色水彩笔画出裤子上的格纹，这种格纹是双排线交叉形成的，格子之间有虚线。虚线较细，所以用0.3mm的针管笔画出。画格子时应注意裤子的褶皱变化，格子应随着面料的转折而发生变化（图2-23）。

（3）在画好的线与线的交叉点上加重，交叉点属于颜色重叠的部分，所以颜色最黑。用1.0mm的针管笔涂黑即可（图2-24）。

（4）画上衣的图案。用紫色的水彩笔画出佩兹利纹样，然后画出绿色的太阳花和橙色的曲线，注意图案之间的距离，在遇到褶皱时，图案会有转折或部分消失。接下来画头发的暗部，用熟褐色水彩笔顺着头发的走势来完成（图2-25）。

（5）用蓝色水彩笔在上衣图案的空白处运用排笔的方法上色，也就是涂衬衫面料的底色。涂底色时不要沿着图案的边缘涂满，留出一些空隙（图2-26）。

图2-22 绘画步骤（1）

图2-23 绘画步骤（2）

图2-24 绘画步骤（3）

图2-25 绘画步骤（4）

图2-26 绘画步骤（5）

（6）用赭石色水彩笔画出背包的底色，然后用黑色圆珠笔画出背包的暗部。再用黑色圆珠笔画出上衣和裤子的阴影，画阴影时注意用笔，线要随着面料的走势画，调子用笔以清晰准确为好。用黑色圆珠笔画出裤子的竖条纹理（图2-27）。

（7）最后用灰色马克笔在圆珠笔调子上画出裤子的阴影大效果，局部微调完成效果图绘画（图2-28）。

图2-27 绘画步骤（6）

图2-28 绘画步骤（7）

041

二、街拍男性快速表现范例

1. 外套花纹的画法

Q：外套的花纹怎么画出来的？

A：用柠檬黄（儿童水彩笔的颜色都十分鲜艳）画出外套的底色，然后用0.05mm针管笔画出排列有序的图案轮廓。当基本图案的位置确定以后继续深入，画出图案外面的毛刺，然后用深绿色、浅绿色、粉色、紫色等水彩笔点在每一个独立图案的内部（图2-29）。

图2-29　外套花纹的画法

2. 裤子上白条的画法

Q：裤子上的白条是留出来的吗？

A：裤子上其实不是白色，而是浅灰色，是因为黑色的面积很大，所以感觉一道道的浅色成了白色。依旧是采用浅灰色涂出裤子的底色，然后用大面积的墨汁涂暗部，注意画暗部时要非常小心的留出细密的褶皱线（图2-30）。

图2-30 裤子上白条的画法

3. 夹克上花朵的画法

Q：夹克上的花朵是怎么画出来的？

A：首先画出白色的花朵，注意花朵的位置；然后用柠檬黄画出花蕊；最后用湖蓝色水彩笔画出花朵周围布料的底色就完成了（图2-31）。

图2-31　夹克上花朵的画法

4. 裤子上印花图案的画法

Q：裤子上的印花图案是怎么画出来的？

A：画这种布料需要先分析一下哪种颜色花朵的面积最大，这条裤子很显然是粉紫色的花朵最多、面积最大，所以要先画这种颜色的花朵。笔者在作画时没有预先用铅笔确定位置，初学者如果拿不准位置可以轻轻用铅笔勾出花朵位置（用笔要轻，不要把画面弄脏），画好主体花朵后，余下的空间就是粉绿色和柠檬黄色了，由于面积小，非常容易画准确（图2-32）。

图2-32 裤子上印花图案的画法

5. 绿色西服的画法

Q：西服是用彩色铅笔画出来的吗？

A：西服外套的绿色是用儿童水彩笔画的，因为笔中剩余的颜色不多，所以涂色时会出现飞白的效果，我们通过多画、多尝试可以找到很多有意思的表现效果（图2-33）。

图2-33 绿色西服的画法

6. 裤子特殊效果的画法

Q：裤子的特殊效果是怎么画出来的？

A：采用绿色儿童水彩笔，而且要用颜色剩余不多的笔画出。上色方法是旋转用笔画圆圈，所以最后画出的颜色是有飞白毛茸茸的感觉（图2-34）。

图2-34 裤子特殊效果的画法

第 一 章

第三章
时尚配饰与人体局部特写

第二章

第一节

上半身细节表现

一、上半身绘画步骤

（1）画出上半身的基本造型。衣服袖子部分的褶皱关系要画准确，手抓住手包的造型也要画准确。用蓝色水彩笔平涂上衣，棕色水彩笔画出手包的基础颜色（图3-1）。

（2）用毛笔蘸浓墨勾线。勾线时要不断调整最初的铅笔稿线条的准确位置，不应只是简单的描线，而是反复观察把型找准。画出手包的拉链位置，画出手的细节（图3-2）。

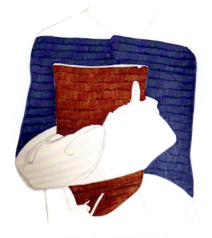

图3-1　绘画步骤（1）

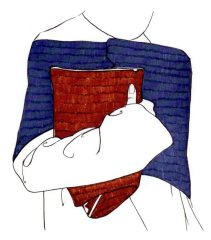

图3-2　绘画步骤（2）

（3）用黑色圆珠笔画出领子部分的明暗关系，注意线条的排列角度和排列密度，不要把线条画得断断续续，把暗部线条画成大网格状排列的用笔会直接破坏画面效果（图3-3）。

（4）用黑色圆珠笔画出袖子和袖子底部的阴影；继续深入画手的细节，画指甲时注意女性指甲的形状（图3-4）。

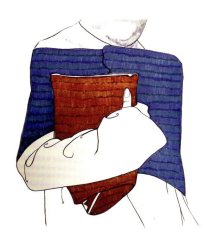

图3-3 给画步骤（3）

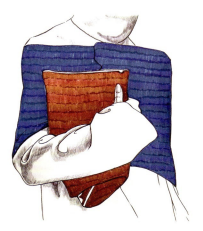

图3-4 绘画步骤（4）

　　（5）继续深入画衣服的明暗关系，时刻注意线条的排列。把手包与人体的前后关系通过圆珠笔线条颜色的轻重区分开来（图3-5）。

　　（6）画服装整体的明暗效果，每一根线条都要仔细画，好看的线条排列会提升画面效果（图3-6）。

　　（7）调整画面全局效果，可以把画放远一些看看整体效果，整理细节完成绘画（图3-7）。

图3-5 绘画步骤（5）

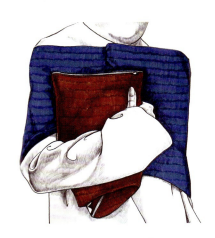

图3-6 绘画步骤（6）

图3-7 绘画步骤（7）

二、上半身快速表现范例

1. 条纹服装的画法

Q：条纹服装的暗部灰色应在什么时候画？

A：条纹上衣的暗部要在所有条纹都画好之后，用灰色画出服装的暗部（图3-8～图3-15）。

图3-8　条纹T恤的画法

图3-9　机车夹克纹路的画法

图3-10　皮草条纹的画法

图3-11　彩色图案上衣的画法

图3-12　蓝色休闲夹克纹路的画法

图3-13　休闲女西服纹路的画法

图3-14　皮草围巾条纹的画法

图3-15 蓝色竖条纹外套的画法

2．外套光滑质感的画法

Q：西服外套的光滑质感是如何表现的？

A：外套温和光滑的颜色是使用了透明水色中的灰黑色。上色时注意使用的毛笔很重要，含水量要足，画出的颜色才饱满，如果是干干的笔触则不会产生这种效果（图3-16、图3-17）。

图3-16　灰色西服外套光滑质感的画法

图3-17　女外套光滑质感的画法

059

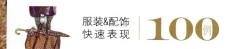
3. 贴画的画法

Q：贴画用的花朵是先贴上花后画人？还是先画人再贴上花？

A：这幅画的粉色花朵是先画出人后贴上花的，为了能与人体边缘吻合，需要用剪子调整花朵的边缘（图3-18）。

图3-18　玫瑰花贴画的技法

4．包包提手上的白线迹与衣服暗部的画法

Q：包包提手上的白线迹是怎么画出来的？衣服暗部用几个层次能够画出？

A：包包提手上的白色线迹是用白色高光笔画出的，要沿着边缘画，而且长短距离一致才好看。画衣服的暗部可采用两个步骤，首先用熟褐色画出基础的大面积暗部；然后用黑色圆珠笔画出最重的部分，用斜线画出暗部，这种细致的线条有利于表达细腻的细节（图3-19）。

图3-19　背包女人的画法

第二节

下半身细节表现

一、下半身细节绘画步骤

（1）铅笔起稿画出三款不同的裙子和三种不同的站姿。调整准确后用水彩笔给裙子上色，红裙子平涂，黄裙子画出斜交叉的格子（图3-20）。

（2）继续给蓝裙子涂色，蓝色水彩笔平涂即可，注意保证边缘清晰（图3-21）。

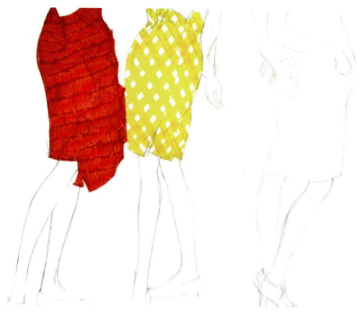

图3-20　绘画步骤（1）

图3-21　绘画步骤（2）

（3）用黑色1.0mm针管笔画出黄裙子上的黑色方块，用橘色细水彩笔画出黄裙子上的交叉格子。用灰色马克笔画出红裙子和黄裙子的腰部细节。用肤色马克笔画皮肤颜色，皮肤底色画好后画皮肤的暗部，留出腿部的高光强调画面效果（图3-22）。

（4）给人体勾线。红裙子上有很多的荷叶边，勾线时线条要柔和，用笔不要太硬，以免破坏面料柔软的质感（图3-23）。

图3-22　绘画步骤（3）

图3-23　绘画步骤（4）

（5）用棕色马克笔为红裙子画阴影，注意褶皱的层叠关系。先用灰色马克笔给蓝裙子画暗部，然后继续用黑色马克笔在灰色暗部的基础上加重暗部，以突出暗部的层次感。为鞋涂色，注意高光留白的处理（图3-24）。

（6）用黑色圆珠笔画出红裙子上的竖线，画的时候要把线条排列均匀，然后深入画红裙子的褶皱（图3-25）。

图3-24　绘画步骤（5）

图3-25　绘画步骤（6）

（7）继续用黑色圆珠笔为黄裙子画阴影。深入画腿部暗影，注意腿部类似圆柱体，所以暗影的形状是曲线的（图3-26）。

（8）整理全局的明暗关系，深入画出鞋子的明暗关系，完成绘画（图3-27）。

图3-26　绘画步骤（7）

图3-27　绘画步骤（8）

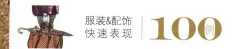
二、下半身快速表现范例

1. 流苏上留白的画法

Q：流苏上的白色是用高光笔画出来的吗？

A：流苏上的白色是留出来的，不推荐使用高光笔。高光笔的白色并没有在纸上留出的白色透亮干净，通常高光笔是画在颜色上提高亮度，在某种程度上会把底色带起，所以高光还是留出来的纸白最好看（图3-28）。

图3-28 一群时尚达人

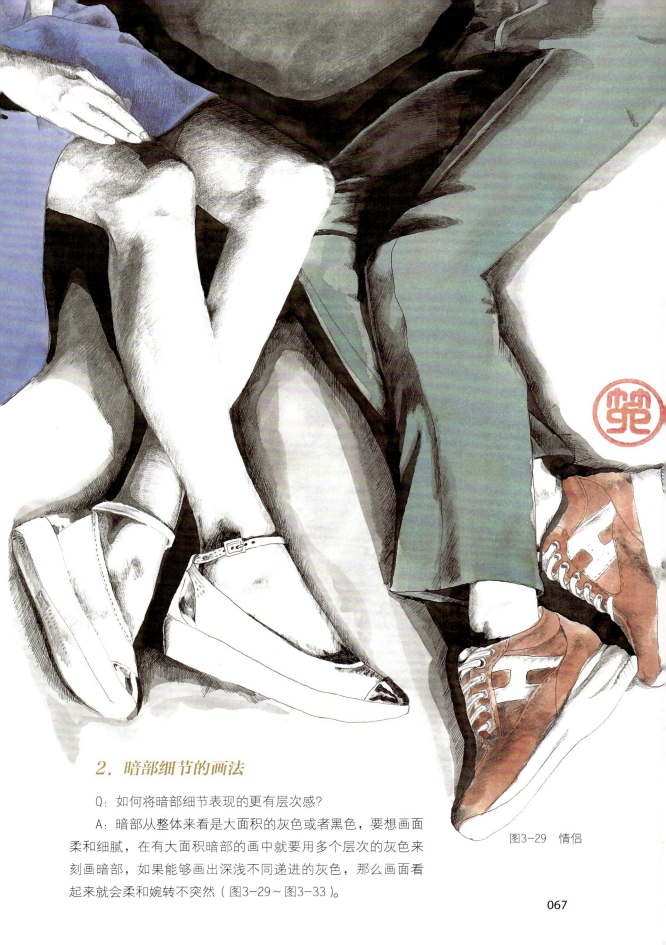

2. 暗部细节的画法

Q：如何将暗部细节表现的更有层次感？

A：暗部从整体来看是大面积的灰色或者黑色，要想画面柔和细腻，在有大面积暗部的画中就要用多个层次的灰色来刻画暗部，如果能够画出深浅不同递进的灰色，那么画面看起来就会柔和婉转不突然（图3-29～图3-33）。

图3-29　情侣

图3-30　谈话的男士们

图3-31　绿色裤子

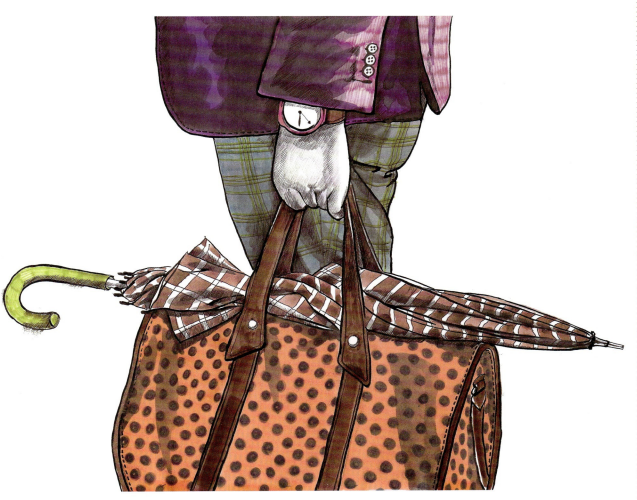

图3-32　时尚绅士

图3-33　秀场外面

3. 毛毛裙的画法

Q：毛毛裙是用什么笔画出来的？

A：毛毛裙是用石獾勾线笔蘸墨汁画出来的，底色先涂一遍灰色，然后用浓墨画毛毛就可以了（图3-34）。

图3-34　毛毛裙的画法

三、下半身与时尚配饰快速表现范例

快速表现范例（图3-35～图3-59）。

图3-35　时尚网兜手包

图3-36 布面实用手拎包

图3-37　手提包与豹纹潮鞋

图3-38　夏奈儿链条包

图3-39 皮靴

图3-40 灰色大容量手提包

图3-41　西式裤装与三接头皮鞋

图3-42　秀场外人物

图3-43 三位穿高跟鞋的女士

图3-44 男士裤装

图3-45 女式手包

图3-46 凉鞋

图3-47 质感九分裤

图3-48　粉红色包包

图3-49　缎面长裤与手拎包

图3-50　双肩背包与蓝色裤子

图3-51　粉色短裙

图3-52　凉鞋与手包

图3-53 时尚情侣裤装

图3-54 紧身裤与皮鞋

图3-55　撞色毛线袜

图3-56　赭石色裤袜与高跟鞋

图3-57　大衣与鞋靴

图3-58　牛仔裤

图3-59　做旧的牛仔裤装

第三节

脚部特写

一、脚部细节绘画步骤

（1）起稿，注意两只脚的前后位置关系。画出男士皮鞋的独特缝制工艺（图3-60）。

（2）用大红色水彩笔给袜子上色。用蓝色水彩笔为皮鞋上色前画出轮廓线，然后再涂色（图3-61）。

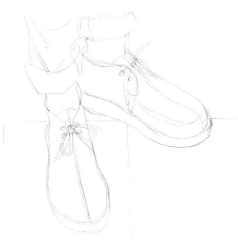

图3-60 绘画步骤（1）

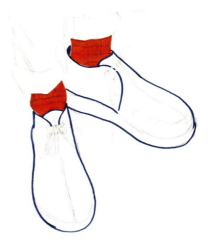

图3-61 绘画步骤（2）

（3）用灰色马克笔（CG1）画出裤子的颜色，色重的地方颜色加深多画几遍。皮鞋涂满蓝色，留出缝合线，鞋带和鞋眼不上色（图3-62）。

（4）用灰色马克笔为蓝色皮鞋罩一遍色，使最开始的艳蓝色变灰变深。用黑色画出鞋带（图3-63）。

图3-62 绘画步骤（3）

图3-63 绘画步骤（4）

（5）用毛笔勾线，裤子上的褶皱很好看，要认真表现出来。用黑色圆珠笔加重皮鞋的暗部（图3-64）。

（6）用黑色圆珠笔画出裤子的明暗关系，服装面料的褶皱是服装画的重要表现部

分，如果不会画褶皱，面料看起来则非常不真实，因此要多加练习，认真刻画。然后画出裤子外翻面料的纹理（图3-65）。

图3-64　绘画步骤（5）　　　　　　　　图3-65　绘画步骤（6）

（7）后面裤子的颜色要比前面裤子的深些，用圆珠笔画出翻在外面的裤子码边效果。继续加重暗部，增加立体感（图3-66）。

（8）继续扩大暗部的面积，为红色的袜子画阴影。注意袜子两侧的光影效果（图3-67）。

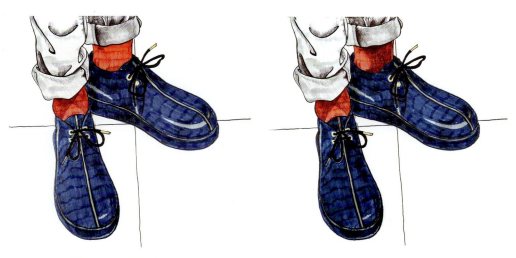

图3-66　绘画步骤（7）　　　　　　　　图3-67　绘画步骤（8）

（9）用深灰色马克笔（CG4）加重皮鞋的暗部，增加皮鞋的立体感（图3-68）。

（10）用灰色马克笔遮住之前皮鞋上留出的白色高光，因为皮鞋不是光皮面的。继续深入刻画皮鞋的暗部。为地面画上颜色和皮鞋在地面上出现的阴影（图3-69）。

（11）在皮鞋的暗部采用了上调子的方法和点化法，以突出皮鞋的柔和质感。全局调整后绘画完成（图3-70）。

图3-68　绘画步骤（9）

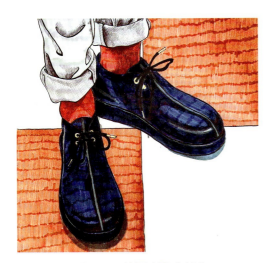

图3-69　绘画步骤（10）

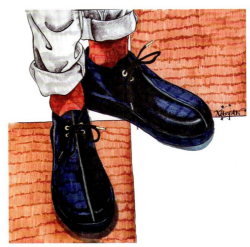

图3-70　绘画步骤（11）

二、脚部细节快速表现范例

图3-71～图3-86为脚部细节快速表现范例。

图3-71　皮鞋与短袜

图3-72　男士皮鞋

图3-73　两双男士皮鞋

图3-74　厚底鞋

图3-75 蓝黑色高跟鞋

图3-76 男士皮鞋细节

图3-77 细带高跟凉鞋

图3-78 复古皮鞋

图3-79　特殊设计的高跟鞋

图3-80　恨天高

图3-81　小格子高跟鞋

图3-82　白色皮鞋

图3-83　黑色高跟鞋

图3-84　不对称皮鞋

图3-85　牛仔风格图案鞋

图3-86　男士皮鞋与袜子

第四节

男女流行鞋款细节表现

一、女高跟鞋绘画步骤

（1）画出高跟鞋的基本型后，用粉色水彩笔以排笔平涂的方式把鞋的颜色涂满，涂色时注意留出高光位置。根据高跟鞋的制作细节把鞋分成几个明显的分割块，因此在涂色时要分区域涂色，不能用笔将颜色从头至尾全部涂满（图3-87）。

（2）颜色涂好后，用毛笔蘸墨汁勾出高跟鞋的内外轮廓线。勾线可以采用毛笔中的勾线笔来完成，不需要有墨色的浓淡变化，线条力求连贯、粗细均匀（图3-88）。

（3）用针管笔画出高跟鞋上的缝合线迹，注意线段与线段之间的距离，不要画的长短不一。画出鞋带在鞋面上产生的暗影（图3-89）。

图3-87　　　　　　　　图3-88　　　　　　　　图3-89

（4）用黑色圆珠笔画出高跟鞋上绗缝部分的明暗关系（图3-90）。

（5）继续画高跟鞋的暗部，强调鞋的立面和顶面的明暗关系（图3-91）。

（6）全局调整高跟鞋上的明暗关系。鞋跟部是圆柱体，须注意暗影的位置，用高光笔画出绗缝线部位的高光。调整细节后绘画完成（图3-92）。

图3-90   图3-91   图3-92

二、鞋款快速表现范例

图3-93～图3-103为鞋款快速表现案例。

图3-93 胶底运动鞋

图3-94 漆皮豆豆鞋与高帮运动鞋

图3-95 高跟凉鞋

图3-96 三角纹理高跟鞋

图3-97 运动休闲鞋

图3-98　男士休闲鞋

图3-99　豹纹皮鞋

图3-100　女鞋

图3-101　女士高跟鱼嘴鞋与凉拖

图3-102　休闲布鞋

图3-103　女式高跟鞋